鸢飞戾天鱼跃于渊

如果你是醒了，推开窗子

看这满园的欲望多么美丽

祝小朋友和大朋友们

开卷有益

余世存

壬寅冬至露

献给小墩儿

余世存
给孩子的时间之书

春

立春
雨水
惊蛰
春分
清明 谷雨

余世存—著
花农女—绘

中信出版集团 | 北京

图书在版编目（CIP）数据

余世存给孩子的时间之书．春 / 余世存著；花农女绘 ． -- 北京：中信出版社，2022.11（2023.1月重印）

ISBN 978-7-5217-4784-3

Ⅰ.①余… Ⅱ.①余…②花… Ⅲ.①二十四节气—少儿读物 Ⅳ.① P462-49

中国版本图书馆 CIP 数据核字 (2022) 第 177530 号

余世存给孩子的时间之书：春

著　者：余世存
绘　者：花农女
出版发行：中信出版集团股份有限公司
　　　　　（北京市朝阳区惠新东街甲4号富盛大厦2座　邮编　100029）
承 印 者：河北彩和坊印刷有限公司

开　本：787mm×1092mm　1/24	印　张：5.5	字　数：50千字
版　次：2022年11月第1版	印　次：2023年1月第3次印刷	
书　号：ISBN 978-7-5217-4784-3		
定　价：37.00元		

推荐序

　　世存给孩子的时间之书，不仅是写给孩子们的游艺作品，也是给家长、老师等大人们四时八节的时礼。作者通过一百多场情景对话短剧，把一年时间中的节气文化、历史、习俗做了一个全面而综合的介绍，这部书的常识性和人文主义色彩是罕见的。据说，这部书是疫情隔离时期的产物，可以说它是时代的产物，有着对时代社会的安顿和超越。

　　时代是人生存的前提，这让很多人赖上了时代，因此吃瓜、躺平、焦虑、等待。我曾经说过，我不认为有什么困难能让人焦虑、抑郁，甚至产生精神问题。如果把时代放在大时间尺度之中，把一年放在一世、一甲子、一百年的尺度之中，模糊的暧昧的当下都是可以确定的、应该珍惜的，应该只争朝夕。

　　世存的这部作品不属于等待一类，它有着真实不虚的确定性。一年时间中的天地自然背景，仍确定地在我们身边等待我们去发现、去对话互动。世存多年来投入对"中国时间"的研究，成果丰硕，在此基础上写作本书，深入浅出，举重若轻，他将国人或外人"不明觉厉"的节气文化讲解得生动易懂。他用家人、朋友之间的场景互动来观察一年时间的演化，本身具有励志性、成长性，整部作品洋溢着难得的温情和人道情怀，让人读来多有感动。

　　尽管天气冷暖反常，温室效应和海平面上升让人不安，但节气时间仍有丰厚的内容可以滋养我们，甚至如作者所展示的，我们当代人在这一具体而微的时间尺度中仍可以创造出新的节气文化。用流行的话说，节气不仅有巨大的存量，还有无限的增量。

　　世存的"中国时间"系列，其影响有目共睹。不少人引用过他在《时间之书》中的句子："年轻人，你的职责是平整土地，而非焦虑时光。你做三四月的事，在八九月自有答案。"但我更注意到他挖掘出古代天文学的术语，即五天时间称作微，十五天时间称为著。见微知著原来有这样天文时间的含义。天气三微而成一著，我们乡下农民所说的见物候而知节气，原来如此，本来如此。

有些朋友注意到世存治学范围的调整，对一些领域的涉足，与其说转向，不如说是丰富。作者是少有的能对历史和当代社会提供总体性解释的学人，是谈论中外文化而能让人信任的学人，这反证作者为人为学的真诚。的确，有一些领域因为作者的介入而真正激活了，只要读过作者的文字，就会相信文如其人——温和而坚定，包容而自省。现在，作者为人们提供了这样一部更亲切的二十四节气，我相信这部书的经典价值，它将参赞我们人类日新又新的节气文化。

是为序。

俞敏洪

余老师说"春"

春天属于孩子。

春天是元①。一元复始，万象更新。春天是活泼泼的，是元气淋漓的。

春天是生。一切生命都在春天生发，春天是生命孕育、生命再出发的时候，是生命充分个体化的季节。

春天是仁。所有的失望、冷漠、隔绝，都在春天打破。春天如同号角，召唤生命投入生的喜悦快乐之中，投入爱意浓浓的开心之中。春天的声音就是孩子们的声音，古人说，闻角音②使人恻隐而爱人。

时间在流逝中有沉淀，有积累。春天有六个节气，

---

① 元：开始。
② 角音：中国古乐的基本音为宫、商、角、徵、羽五音。五音不仅是声音，也是万事万物的规律或基本属性，角音对应春季，有振动、生发功能。

每个节气触发我们不同的感觉，立春、雨水印证我们的视觉，惊蛰、春分训练我们的听觉，清明、谷雨满足我们的嗅觉。

无论春天外在的美多么繁荣富丽，春天仍要求我们有往有返，回到自己的内心。我们需要心无旁骛，需要正心诚意。春天就是生命呼应世界的季节。

大小时间有相似性。一年中春天的时间相当于一天中的凌晨三点到早上八点，相当于人一生中的一二十岁的年龄。一年之计在于春，一日之计在于晨，一生的命运在于我们的孩童时代生发的心意、养成的习惯。孔子十五岁就立下一生学习的志愿。在学习中，孔子承认"学而时习之，不亦说乎？"

古人说，这要求我们能肩负上天给予的美德，自己掌握命运，配得上我们享有的一切。而自己掌握命运，就是永远活在春天里。

春天属于农民，是播种的季节。春种一粒粟，秋收万颗子。这就是春天的力量。

目录

立春

夏至 小暑

大暑

立秋

处暑 白露

露秋分

寒露

霜降

立冬 小

大雪 冬至 小寒 大寒

2

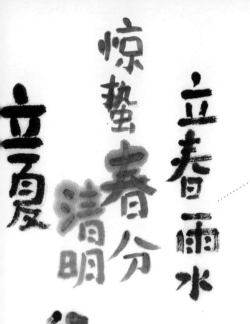

这个正月，立春。

爸爸和妈妈商量，立春了，我们的小君该学习一下节气知识了。

妈妈赞同，好啊。我们小君最有条件学了，家里有余老师写的《时间之书》，余老师又是我们的好朋友、好邻居，有什么问题可以随时问。

小君听到爸爸妈妈的话之后问，节气好玩吗？

爸爸说，当然好玩。二十四节气，每个节气都有意思。

小君问妈妈，为什么是二十四个节气呢？

妈妈说，这是一种科学，是我们聪明的古人发现的。

爸爸说，也是一种假设，一种划分的方便。有些国家的传统文化中就没有这么多节气，因为地理条件的不同，有些地方一年只需要四个或八个节气就够了。爸爸打了一个比方说：

这就像切蛋糕一样，一年的时间蛋糕，可以切成两份、三份、四份、五份、六份、八份、十份、十二份、二十四份……二十四份还不算最多的切法，最多的是把蛋糕切成七十二份，对农民朋友来说，七十二份就更为方便，在我们国家，分成二十四份更有利于提醒大家吃穿住行的变化。

妈妈说，小君要把二十四节气记熟：立春、雨水、惊蛰、春分、清明、谷雨、立夏、小满、芒种、夏至、小暑、大暑、立秋、处暑、白露、秋分、寒露、霜降、立冬、小雪、大雪、冬至、小寒、大寒。其实记着一首诗歌就好记了。

春雨惊春清谷天，夏满芒夏暑相连。

秋处露秋寒霜降，冬雪雪冬小大寒。

爸爸说，嗯，这样就更好记了。节气的时间也用诗歌来记：每月两节不变更，最多相差一两天。上半年来六廿一，下半年是八廿三。

小君把诗歌记下来，把二十四节气写下来，他跟爸爸妈妈说，我发现了一个规律：

从第一个节气立春开始，每隔五个节气，是一个以立字打头的，分别是立春、立夏、立秋、立冬。从第四个节气春分开始，每隔五个节气，是以四季打头的，或叫分，或叫至，春秋是分，夏冬是至。

好像还有一些规律，我得想想。

二 春之城

爸爸给了小君一幅中国地图，要他找出名字里有"春""夏""秋""冬"这几个字的城市。

小君看中国地图，发现好多地名都有"春"字。妈妈解释说，我们中国的地名，个别的名字里有"夏"，名字里有"秋""冬"的几乎没有；但要说名字里有"春"字的那就太多了。从南到北，伊春、长春、宜春、永春、蕲春、寿春……我们有些城市比如昆明、大理等地方争着说自己是春城。

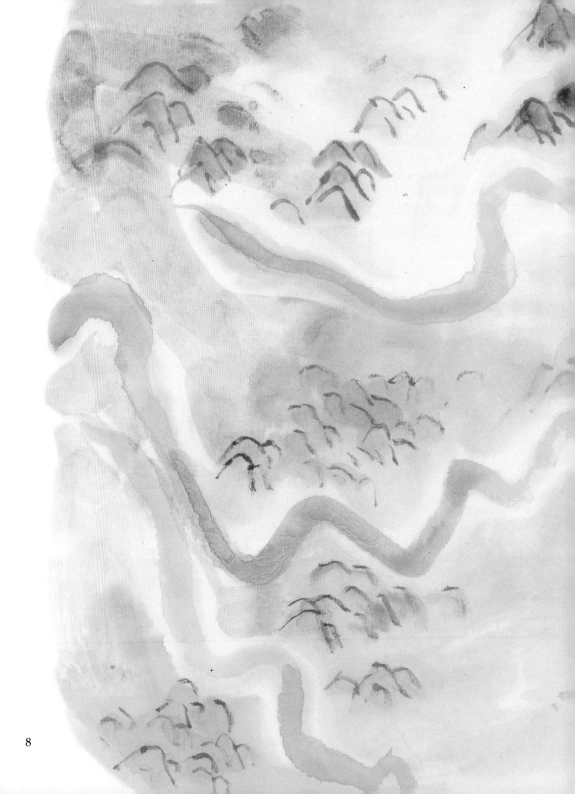

爸爸说，这跟我们中国人喜欢春天有关，春天意味着开始，意味着生机。在人们写的有关四季的诗中，有关春天的诗比比皆是，而且大家都特别希望把春天留住。

比如"留春春不住，春归人寂寞"。

比如"留春不住。费尽莺儿语"。

比如"留春不住。恰似年光无味处"。

比如"惜春长怕花开早，何况落红无数。春且住，见说道、天涯芳草无归路"。

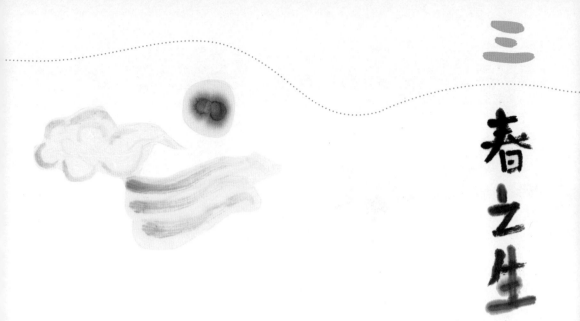

三 春之生

爸爸问小君，我们经常说生长收藏，春天是什么呢？

小君说，我知道，春天是生。**野火烧不尽，春风吹又生。**

妈妈说，所以小君啊，如果想永远活在春天，就永远做一个对世界充满好奇的学生，永远生发，永远在成长。

小君说，那不是一辈子都不用长大吗？

　　爸爸说，学生不只是没长大的状态，像爸爸妈妈在你眼里是大人了，但爸爸妈妈每天也在学习，也是学生。有一个老爷爷说过，什么是学生，就是一生都在学习生活、学习生命的意义、学习保护天下的生灵。

　　小君说，我明白了，看到余叔叔家的小墩儿，我就想着怎么才能保护好他，这也是学生。

14

四

春之声

爸爸接着说，按余叔叔的解释，每一种时间都有特定的含义，像春、夏、秋、冬，就有各自的意义，还有各自的声音、颜色和味道。

小君说，啊，这个有意思，春天的声音是什么？

爸爸说，就是你的声

音，是小墩儿的声音。

小君说，我明白了，春天的声音是孩子们的声音。

爸爸说，对，从五音的角度说，春天的声音是角音，古人说，**闻角音使人恻隐而爱人。**

妈妈说，就是听到你们的声音，人的心里就会感觉特别特别的柔软。

小君说，怪不得，我听到小墩儿的声音就特别想为他做点儿什么事，原来是他的声音作怪，让我的心软了。

爸爸妈妈笑了，我们一起来唱那首《春之声》吧："小鸟甜蜜地歌唱，小丘和山谷闪耀着光彩，谷音在回

响。啊，春天穿着漂亮的衣裳，同我们在一起，我们

沐浴着明媚的阳光，忘掉了恐惧和悲伤。在这晴朗的

日子里，我们奔跑，欢笑，游玩。"

五

立春之风

小君发现，立春过后，风吹在脸上不那么冷了。

妈妈说，因为立春的第一物候就是**东风解冻**，立春之前的风叫北风、寒风，立春后吹的风叫东风，东风是来送暖的。

爸爸说，唐代诗人李贺有一句诗，**东方风来满眼春**。这句诗说得特别好，立春过后，东风吹来，敏感的人就发现眼前的景色变了，变成春天的绿色了。所以宋朝的王安石就说，**春风又绿江南岸**。

　　小君拉着爸爸出门，你看，我们小区的树还是光

秃秃的，到处都一片灰色，哪有绿色呢？

　　爸爸说，你仔细看水，你发现什么没有？

　　小君说，没有啊。

　　爸爸说，宋代的张拭在立春那天偶然发现，东风

吹起水面的时候感觉有参差的绿色。一下发现眼前有满满的春意了。你不能等到三四月份春暖花开的时候才看见绿色，你的眼睛要善于发现世界的变化。其实，跟冬天相比，现在的世界已经柔和、嫩绿起来了。

爸爸又说，东风在我们中国人心中不仅指春风，还指有生机活力的力量和气势，也指最重要的事物。有句成语叫：**万事俱备，只欠东风**。

小君说，原来东风就是春风啊。

爸爸说，不能这么说，你要在欧洲的小朋友面前说东风是春风，他们会有意见的。因为地理空间和大洋气流的不同，在他们那里，西风才是春风。

小君说，嗯，我知道，在我们中国，东风指的就是春风。小墩儿弟弟都会背诵王安石的诗《元日》了，那里面就说了春风：

爆竹声中一岁除，

春风送暖入屠苏。

千门万户曈曈日，

总把新桃换旧符。

立春之动

爸爸问小君，春节跟大年三十之前有什么不同？

小君想了一想说，在腊月里，大家好像猫在家里的时候多一些，虽然也动，但就是忙自家的事。过春节好像大家都忙，都动起来了，都忙着用手机拜年。

爸爸说，对啊，在农村，乡亲四邻的都要出门拜年，一家家地拜年，叫作拜跑年。

妈妈说，这个时候不用说人，就是冬眠的昆虫们都要动一动了。立春的第二物候就是**蛰虫始振**，因为这些冬眠动物的洞穴不怎么冷了，它们的身体开始变得柔软，会时不时振动一下。

小君说，我明白，我也要动一动，我要给艾米、依依、小广、小墩儿、小沐、美滋滋他们拜年。

妈妈说，跟他们不要只说新年好这样的话，要称赞他们又长高了、长漂亮了。

小君说，明白，我会对小广、小墩儿说他们过年长高了，对艾米、依依说她们长漂亮了。

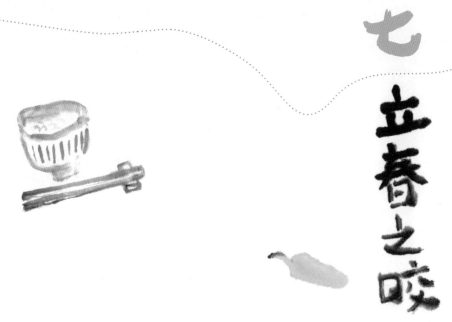

七

立春之咬

爸爸说，春天要动起来，别说地上的动物，就是
鱼在冰封的水里过冬也会憋得难受。立春后，河里的
冰开始融化，鱼开始到水面上游动，这个时候水面上
还有没完全融化的碎冰片，我们看着就像是鱼在咬冰，
有时就像是鱼背负着冰在水里游动，这就是立春的第
三物候，叫**鱼陟负冰**。

正说着，妈妈做好饭，招呼小君和爸爸吃饭了。
妈妈在鸡鸭鱼肉外还专门做了几个凉菜，就是生萝卜、生菜。

小君说，妈妈，这么冷的天，要让我们吃凉菜吗？

妈妈说，这样吃有讲究啊。跟过年的腊货美食有所区别，在立春当天，一般人家都会吃春盘、春饼、春卷、春盒。这道菜的名称多，北方人一般叫合菜。还有的人家直接吃生菜，生吃萝卜，吃新鲜的大葱，这个习俗叫作"咬春"。

爸爸说，所谓咬春，其实就吃那个嘎嘣脆的清香脆嫩的劲儿，在咬春时，人的身体或心理感觉似乎真的是咬住了春天，身心都跟着新鲜起来。

八 立春之 红色爸

爸爸对小君说，妈妈关注吃的话题是有道理的，人一定要跟着时令来过日子。但是有一个问题你们可能没有想过，春天的颜色是绿色，为什么过年期间，立春之际，到处都是红彤彤的颜色。

小君说，对啊，鞭炮是红色的，春联是红色的，装压岁钱的是红包，就连平时不会穿戴的大红衣物也在这个时候穿戴起来。

一家人正说着话，余叔叔带着小墩儿来拜年了。

妈妈笑着说，余叔叔平时都穿得素雅，今天，他贴福字、贴春联不说，也穿着大红的棉袄了。

余叔叔开心地解释，立春节气多在农历的正月里，按农历时间，这是一年阴阳消长的关键时刻。立春有三阳开泰的说法，天地人三才都要用阳气开辟出新世界来。

所以在立春期间，人们用红色代表阳气来帮助天地间的阴阳转换。就像稚弱的小朋友们多穿红色衣物显得喜庆有生机一样，人们在立春时用红也是为了给大地给社会增添生机。

小君恍然大悟，怪不得妈妈说在春天不要轻易砍伐树木，不要摇动小树，不要捕鱼打猎，原来都是为了让大自然繁荣起来。

　　余叔叔说，人在自然面前永远是学生，就是在一棵树面前，人也不应该以主人自居。穆旦有首诗说得好：

　　　　为什么万物之灵的我们，

　　　　遭遇还比不上一棵小树？

　　　　今天你摇摇它，优越地微笑，

　　　　明天就化为根下的泥土。

雨水

九 雨水之名

立春半个月后，新的节气来了，这个节气叫雨水。

小君问爸爸，立春才过半月，咱们北方很多地方仍是一片萧索景象，一些地方还在雪封冰冻，也没见下什么雨，为什么这个时候的节气叫雨水呢？

爸爸说，这时北半球气温回升，来自海洋的暖湿空气开始向北挺进，冷暖空气一交汇，还是容易出现降雨的。在以农立国的社会里，雨水非常重要，一年生计的关键就在于能否风调雨顺。俗话说，**春雨贵如油**。

雨水有雨庄稼好，大春小春一片宝。

妈妈说，雨水是活水，在现代生活中一样重要，有雨水，大自然就活起来了。虽然冬天有雪水，但如长时间不下雨的话，土地也会干燥的。解了冻的泥土如再有了雨水，就酥软无比，特别适合草木和庄稼生长。

小君说，我明白了，有立春节气的风来解冻，有雨水节气的雨水浇灌，天地就活了。

爸爸说，你可以熟悉一下杜甫的诗：

好雨知时节，当春乃发生。

随风潜入夜，润物细无声。

野径云俱黑，江船火独明。

晓看红湿处，花重锦官城。

十 雨水之计

爸爸对小君说，**一年之计在于春。**

对农民朋友来说，雨水节气的降水情况能决定收成的多少。所以说，在雨水节气里基本就能预知庄稼的收成。还有就是，元宵节一般在雨水节气期间，过了元宵节，年就算过完了，农民该准备春天的劳动了。所以，农民朋友做一年之计，不仅是计算一年的收成，也是做更积极的计划。

现代政府也是这样，国家会在雨水节气期间，就是 3 月初开两会，两会有个重要议程就是审计全年的预算开支，这也是国家的一年大计。

所以，人在一年开始的时候，应该做做计划。

小君说，我明白了，这个节气时间就是提醒人们要有计划。我呢，当然计划的是让学习成绩更好。

爸爸说，善于观察的人，这个时候就知道全年的收成了。我印象中，宋代的辛弃疾曾经记载说，有一年春天的雨水很好，他遇到的父老乡亲们都争相说风调雨顺，不像去年那样缺雨，他们的眉头也因此舒展起来了，因为他们知道今年会是一个丰收年。

爸爸还说，跟一年之计在于春相对应，人们还说，一日之计在于晨。一年中的雨水节气相当于一天当中的早上四点钟左右，一般人醒不来，或醒了也起不来，就在床上想想一天要做哪些事。

小君说，我明白了，怪不得我早上在床上的时间多，原来我也是在做计划。

妈妈笑着说，你那不叫计划，叫赖床。

廿
萌
动。

三
草
木

候

雁
来，

三
候
鸿

二
候

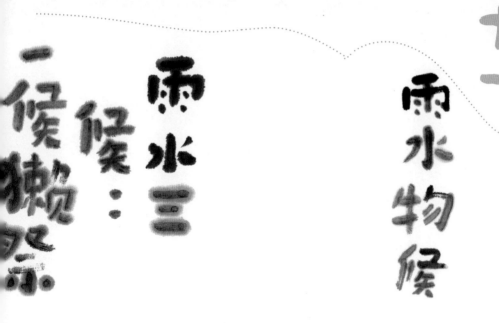

十二

雨水物候

雨水三候：

一候獭祭鱼，

爸爸跟小君介绍雨水的物候，**獭祭鱼**。水獭开始捕鱼了，它们把鱼抓住了会放在岸边，就像是举行祭祀仪式，先祭祀再吃掉。古人以为，连水獭都这么有仪式感，我们更应该在雨水节气里有仪式，对一年做好规划。

这一天，小君在广东的小伙伴小广发来了一段视频，小君打开一看，原来是南方的大雁北飞的场景。爸爸妈妈一起看了，感叹说，好壮观啊。

45

爸爸解释说，随着气温回暖，大雁开始从南方飞回北方。古人把这一物候现象称作**鸿雁来**。鸿雁是候鸟，秋天飞往南方，春天飞回北方，很有规律。所以古人才有鸿雁传书的说法。

小君看到小伙伴发来的视频，也想自己发现点儿什么。他在小区四周找来找去，五天过去了，他找到了。在小区里向阳的地方，花草树木开始抽出嫩芽。他惊喜地告诉了妈妈。妈妈说，这是雨水节气时候的物候啊，古人叫，**草木萌动**。其实，人也好，一草一木也好，都是呼应天地节律而生长的。

十二

雨水之水

　　小君喜欢雨，喜欢水。爸爸妈妈说，春天的雨水容易把人淋病了，但小君不怕，即使雨天，他也喜欢到外面去玩。

　　有一天，天降小雨，小君在小区里玩，爸爸追着他说，别感冒了。但小君玩得不亦乐乎。余叔叔在一旁看到了说，城里人一般不喜欢下雨，把下雨当作坏天气。但孩子的喜好跟传统文化的认知一致，传统文化认为，"遇雨则吉"。

爸爸感叹说，是啊，中国人还会把久旱之后的雨称为"甘霖"，"久旱逢甘霖"是中国人生的"四大喜"之一。《水浒传》里的宋江，有个绰号，叫"及时雨"，说明他很得人心。除此以外，人们还把良好的熏陶和教育叫作春风化雨。

余叔叔说，珍重雨水，其实也是珍重水。中国最伟大的两位圣贤，老子和孔子也都表达过对水的重视。

老子的名言是，**上善若水，水善利万物而不争。**孔子说过，**君子见大水必观。**

在对水的认知上，东西方的哲人是一样的。

49

古希腊的泰勒斯说过，**水是万物之源。水生万物，万物复归于水。**

小君问，余叔叔，这个泰勒斯厉害吗？是他厉害，还是我们中国的老子、孔子厉害？

余叔叔说，他们都很厉害啊。像泰勒斯这个人很有趣的。他经常观察天象，甚至有一次掉到土坑里还在仰望星空。他是非常懂节气的一个人，有一年他通过观察天象，知道第二年当地的橄榄会丰收，就提前把榨橄榄的机器都租下来了。等大家丰收了都需要他的机器来榨橄榄，他利用节气知识赚了一笔钱。他赚钱只是证明他不是没有本事，而是说他有更重要的事情要做。

惊蛰

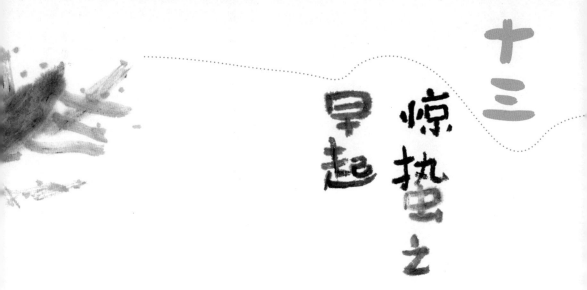

十三 惊蛰之早起

　　小君有赖床的毛病，这一天到了惊蛰，爸爸告诉他，你知道惊蛰的意义吗？惊蛰节气开始有雷声。这一时节就像运动场上启动比赛的发令枪一样。不过，这一枪是在天地间打响的，那些冬眠中蛰伏太久、昏昏沉沉的飞禽走兽都惊醒过来，听从命令般努力生长壮大，新一轮的生长周期启动了。

　　对应一天当中，惊蛰相当于早上五点，勤奋的人多半也在此时起床开始一天的劳动。而那些懒惰的人则会赖床赖到七八点。相比之下，勤奋的人要多两三个小时的学习工作。所以说，早早地醒来，早起是很重要的。俗话说，早起的鸟儿有虫吃。

妈妈说，小君还记得妈妈教你的一首儿歌吗？

早上空气真正好，

我们大家来做操。

伸伸臂，伸伸臂，

弯弯腰，弯弯腰；

踢踢腿，踢踢腿，

蹦蹦跳，蹦蹦跳。

天天做操身体好。

十四 惊蛰之 桃花

　　这一天，小君和爸爸到小区里散步。小君在小区的花木丛里看到，迎春花之后，桃花更鲜艳夺目。桃花的花芽在严冬时蛰伏，终于在春暖时开始盛开。

　　爸爸说，**桃始华**就是惊蛰的一个物候。鲜红烂漫的桃花、甘美香甜的桃子，是先民心中的吉祥物，是喜庆、热烈、美满、和谐、繁荣、幸福、自由、驱邪等的象征。《诗经》中说，**桃之夭夭，灼灼其华，之子于归，宜其室家**。桃花在我们中国人心中，是美好生活的代名词。陶渊明的《桃花源记》则记录了中国人的梦想世界，桃花源是美好生活的乐园。

小君说，我知道有一个成语，叫投桃报李，别人给我一个桃子，我要给他一个李子作为报答。不过，我听说，很多时候惊蛰节气还有大雪呢。

爸爸说，这不奇怪，古人早就观察到了，说清明节气才真正断雪。惊蛰下雪不奇怪，下雪天也适合休息。宋代有一个叫曹彦约的人就在惊蛰雪后去访问朋友，结果像呆子一样在朋友家坐了很久也没见到主人。清代的一个女词人顾太清，有一年惊蛰后一日遇到下大雪，她也去拜访朋友，酒足饭饱后回家，说是：一路琼瑶，一路没车痕。一路远山近树，妆点玉乾坤。

　　小君听得津津有味。到吃饭时间了，爸爸说，妈妈在催我们回家了。

　　爸爸拉着小君的手往家里走，小君边走边回头看花。

　　爸爸笑着说，**陌上花开，可缓缓归矣。**

桃花源记

东晋·陶渊明

前行，欲穷其林。

渔人甚异之，复

鲜美，落英缤纷，

中无杂树，芳草

晋太元中，武陵人捕鱼为业，缘溪行，忘路之远近，忽逢桃花林，夹岸数百步，

十五 惊蛰之黄鹂

小君回到家，跟妈妈说，妈妈，我们在小区里看见桃花开了，这是惊蛰的一个物候。

妈妈说，除了桃花，惊蛰的物候还有**仓庚鸣**，就是黄鹂开始鸣叫，用美妙的歌喉渲染春天的气氛。黄鹂被人称为大自然的"歌唱家"，据说它的小舌头能转出上百种声音，鸣声圆润嘹亮，低昂有致，富有韵律，非常清脆悦耳。所以古人提到它，就说黄鹂百啭。

爸爸说，惊蛰的最后一个物候有意思，叫**鹰化为**

鸠。天气渐暖，大地回春，很多动物开始繁殖。鹰和鸠的繁殖方式不一样，翱翔于天地的鹰繁育后代的方式是悄悄地躲在一边，而原本藏起来的鸠开始鸣唱求配偶。人们在这个时候没有看到鹰，只看到周围的鸠一下多了起来，误以为是鹰变成了鸠。

小君说，看来古人这个时候也没有完全睁开眼睛，所以把鸠看作了鹰。

爸爸说，不能这么理解古人。余叔叔说了，古人不是睁眼瞎子，古人这么说，是想强调大自然的变化，天变地化，万事万物都有联系，这就是物化。

小君说，我知道物化，庄子梦见自己变成蝴蝶，觉得蝴蝶是庄子，庄子也是蝴蝶，没有明显的界线，万物融化为一，一也化作万物，这就是物化。

十六 惊蛰 春蠢欲动

一家人吃着饭。

爸爸总结说，惊蛰到来，春意就更浓了。在自然界，春雷唤醒了蛰伏在地下的小动物。回到人自身，我们也要摆脱冬天的慵懒和混沌，做一个清醒的人，懂得自己，懂得世界。

说到这里，小君忽然问道，两只虫子跟春字合在一起就是蠢字，为什么蠢字是不好的意思呢？我在小区里看到地上的虫子，明明只是笨一点，萌萌的，很可爱啊。

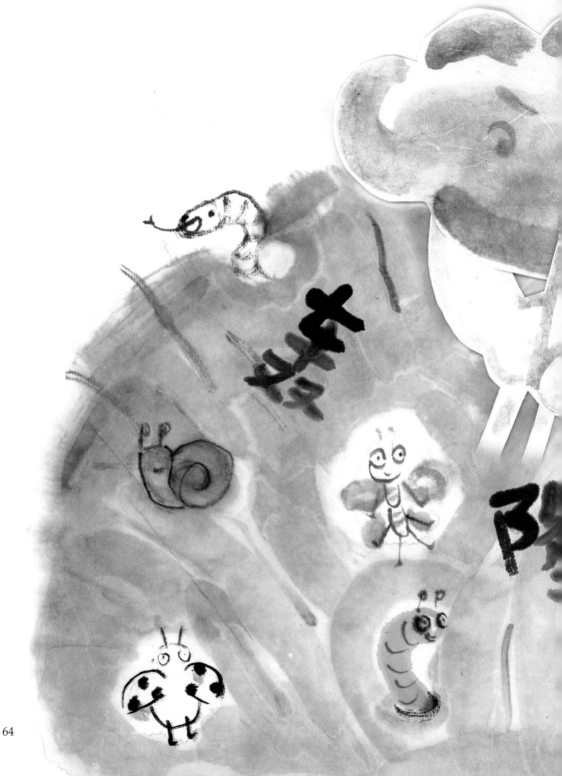

64

65

爸爸说，蠢字本来指冬眠的虫蛇在回暖的春天苏醒，并慢慢蠕动，它们迟钝、笨拙也是事实，只不过我们把迟钝笨拙当作负面的了。

妈妈说，小君说得好，所以我们做人还是要跟着节气生活，宁愿做一个清醒的行动起来的蠢人，也不要贪睡，更不要装睡。

小君不好意思地说，我要改掉赖床的坏习惯，我要蠢蠢欲动。对了，前两天遇到余叔叔，余叔叔还教我背一首诗呢，要我们行动起来，是清代龚自珍的《己亥杂诗》：

九州生气恃风雷，万马齐喑究可哀。

我劝天公重抖擞，不拘一格降人材。

春分

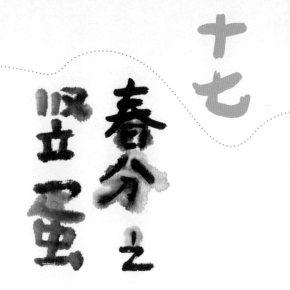

春分之竖立蛋

十七

每年的 3 月 20 日或 21 日，全球绝大部分地区昼夜等长，一天时间白天黑夜平分，各为十二小时。

对北半球的很多人来说，春分意味着真正的春天到来了。有些国家因此把春分当作一年的开始。

这一天，小君拿出好几个鸡蛋来，在餐桌上一个一个地竖。一个竖不起来，他就竖下一个。最后没有一个竖起来。他问爸爸，听说春分时能竖起鸡蛋，我怎么竖不起来呢？

爸爸说，你先练习竖一个鸡蛋试试。

小君就拿定一个鸡蛋，不断地试来试去，终于，他的动作越来越慢，起来越轻，最后鸡蛋稳稳地竖起来了。

小君欢呼起来，他又竖别的鸡蛋，也很快竖起来了。最后，桌上的鸡蛋全被他竖起来了。他喊爸爸妈妈来看，又拍成照片发给艾米、依依他们。

爸爸说，春分的时候，太阳直射地球的赤道，太阳、地球的位置相对比较平衡，地球上的引力不太偏斜，竖蛋的游戏是利用了这个原理。如果你没有耐心，人为加大了鸡蛋重力的偏斜程度，你就竖不了鸡蛋。

春分之找朋友

爸爸说，其实，春分跟我们每个人真正有关的是，从春分开始，我们都要从个人或家庭中心里走出来，要有社会人格、社会意识，我们跟他人一起组成了社会。古人在春分期间是要结社的，春社是一个节日，可热闹了。古人说，**五戊鸡豚宴社，处处饮治聋之酒**。意思是说到处都在劝酒，这杯酒是防治耳聋的。因为惊蛰打过雷了，怕你耳朵聋了，喝了酒，就是朋友了。要听得见我的声音，我喊你时，你不要装作听不见。

村村社鼓隔溪闻，赛祀
归来客半醺。水缓山
舒逢日暖，花明柳暗
貌春分。

社日出游
明·方太古

爸爸解释说，春分之后，春管、春耕、春种进入繁忙阶段，一家一户不足以应对春忙，所以家家都会请人帮忙，并且相互帮忙。人们齐心协力，在田野上劳动，共同把农活完成。这种现象就是同人于野。

妈妈说，春分相当于早上六点，城里人起床上班的时间，无论是在路上，还是进办公室，人们相互之间都有一种友善、乐于助人的精神，希望由此跟大家一起开启美好的一天。所以，春分是检验一个人的朋友缘的时候。

爸爸问小君，你有哪些好朋友？

小君打开手机说，我朋友圈的人可多了，用你曾经说过的一句话，我的朋友遍天下。小墩儿、艾米、依依、小广，还有在日本的小宁桑，在美国的美滋滋……

妈妈说，是啊，真没想到，现在的孩子们都已经国际化了。

小君说，朋友多是好事啊。我还教小墩儿唱找朋友的歌呢。

找朋友

找呀找呀找朋友，

找到一个好朋友，

敬个礼呀握握手，

笑嘻嘻呀点点头，

你是我的好朋友。

劝君惜取

少年时，

花开堪折

直须折，

莫待无花

空折枝。

金缕衣

唐·杜秋娘

十九 春分之燕子

劝君莫　昔人娄

小君数起自己的好朋友时，看到了窗外穿梭的燕子，脱口而出，燕子也是我的好朋友。

小君到小区里看燕子，遇到余叔叔，余叔叔说，要下雨了，快回家吧。

小君问，怎么知道要下雨了？

余叔叔说，因为燕子低飞啊。要下雨了，地上有好多小昆虫，燕子就趁机捕食。

小君说，原来燕子是天气预报员，跟泰勒斯一样聪明。

余叔叔说，泰勒斯是从大自然中学习才变得聪明的，我们也要多学习大自然。燕子不仅是天气预报员，它还是季节的标志。燕子是我们人类的好朋友，古人把燕子又叫玄鸟、元鸟，古人计算春分的时间就是看燕子来了没有，他们叫**玄鸟司分**。

余叔叔还说，对农民来说，燕子最能标志季节，又能吃害虫，还最亲近人，总在农家屋檐下营巢。很多农民甚至会认定，燕子不仅报春，而且会带来全年的好运。燕子还通灵，农民朋友们说，干了缺德事情的人家，燕子不去。

小君说，没想到燕子这么聪明，它们比泰勒斯还厉害。

余叔叔说，燕子还通汉语汉字，他要小君仔细观察小区的燕子，看它们像哪个汉字。

小君睁大眼睛看啊看，最后很气馁，说看不出来。

余叔叔说，五代宋初的徐铉在春分这一天发现，燕子飞起来时特别像汉字的"个"字，他说，**燕飞犹个个，花落已纷纷**。

小君啊的一声，真的是，真像"个"字。

余叔叔说，燕子的意义是多方面的，它标志时间，正是要我们珍惜时间，珍惜光阴。春天很美好，但太短暂了，所以一定要珍惜。古人有一首诗，叫《金缕衣》：

劝君莫惜金缕衣，劝君惜取少年时。

花开堪折直须折，莫待无花空折枝。

小君说，这像是我妈妈说的话。

余叔叔说，这首诗就是一个叫杜秋娘的人写的。

还有一个人写道：

燕子去了，有再来的时候；杨柳枯了，有再青
的时候；桃花谢了，有再开的时候。但是，聪明的，
你告诉我，我们的日子为什么一去不复返呢？——
是有人偷了他们罢：那是谁？又藏在何处呢？是
他们自己逃走了罢：如今又到了哪里呢？

小君说，哇，这像是我爸爸说的话。

余叔叔说，这是一个叫朱自清的人写的，题目叫
《匆匆》，也是要我们珍惜光阴。

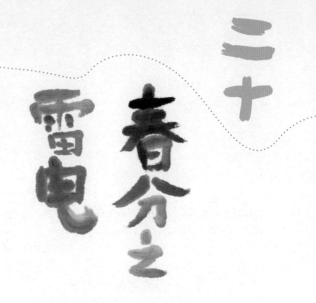

二十 春分之雷电

　　小君问余叔叔，春分时除了燕子，还有哪些好玩儿的事。

　　余叔叔说，燕子来了是春分时的重要物候，叫**玄鸟至**。除此以外，还有两大物候，一是**雷乃发声**，一是**始电**，就是天上打雷有了声音，天空中开始有了闪电。这两种现象好像跟我们普通人没有关系，但对全社会的生产生活会有影响。如果春雷发不出声响，如果天空不再有闪电，那么相当于天空没有给大地施肥，

雷电给土地施肥比农民的有机肥、化肥更重要，如果
肥力不够，庄稼长得就不好，农业生产会受影响，由
此带来畜牧业、运输业、城市服务业，包括小区的超
市等等，一系列都跟着受影响。

小君说，这些物候跟我们的生活都有关系啊，看
似无缘，其实中间有千丝万缕的联系，真是牵一发而
动全身。

余叔叔说，雷电当然比一根头发的力量更强大，
作用也更大。所以我们人的关怀要远大、广大，心
事浩茫连广宇，于无声处听惊雷。在诗人眼里，雷
电是了不起的诗，是伟大的艺人。你听听郭沫若的
这首诗：

啊，这宇宙中的伟大的诗！

你们风，

你们雷，

你们电，

你们在这黑暗中咆哮着的，

闪耀着的一切的一切，

你们都是诗，

都是音乐，

都是跳舞。

你们宇宙中伟大的艺人们呀，

尽量发挥你们的力量吧。

清明

青黄不接：青，田里的青苗；黄，成熟的庄稼。旧粮已经吃完，新粮尚未接上，比喻暂时的缺乏。旧社会农民到了青黄不接的时期是最难熬的。

88

二十一 清明之青黄不接

　　到了清明，小君妈妈做的饭菜不太可口了，小君有些食不下咽，他问妈妈，妈妈，为什么您做的饭菜有失平日的水准？爸爸回答说，小君，妈妈做的饭菜永远都是香的。

　　妈妈解释说，这是因为清明到了啊。过去清明期间有一个寒食节，只能吃生的、冷的，这是检验我们的肠胃是不是太娇气了。有一口吃的，就应该感恩，而不是挑食。

爸爸说，过去的生活没现在这么好，那时候每到春夏之交，储备的粮食不够吃，地里的粮食还不到收上来的时候，这个时候就是青黄不接。这个时候，待客都得从简，更不用说过日子。吃得温饱就可，至于营养、口味就不用太讲究了。

小君说，我知道了，怪不得书上说，**嚼得菜根香，百事皆可做**。每年有这么一个青黄不接的日子，就是考验我们能不能吃苦啊。

清明之味道

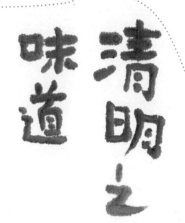

小君皱着眉头说，不过，爸爸妈妈，我现在的胃口好大啊，感觉我能吃得下一只鸡呢。不过，从过年到现在两个多月，吃的大鱼大肉太多，多半是腊肉、腌菜，实在是不能再吃肉了，吃得舌头都麻木了。

爸爸说，这就对了。你要相信时间的智慧，时间知道你快麻木了，就会在清明期间给你提供新鲜的菜蔬，这是一年最初出产的食材。无论是地里的时令青菜，还是人工培育的豆芽，还是树上的香椿、竹林中的春笋，都是最鲜嫩、最可口的。这些天然菜蔬会唤醒你的味觉，你的味蕾都会跟着美味的食物跳舞。

爸爸还说，不仅如此，这个时候的山川大地也在严冬过后披上真正的绿装，所以人们会在清明期间结伴到郊外去，这个习俗叫踏青。一般人只会说，大自然好养眼。其实，人不仅追求看到好的，还要呼吸到好的，尝到好的。人光用舌头尝一下春天还不够，还要用脚去行走，去触摸一下春天。只有这样，人才能呼应大自然的生机。

小君说，爸爸，光想到这么多好吃的，我就流口水了。

妈妈笑着说，你这叫垂涎欲滴。

谷　清　春　惊　雨　立
雨　明　分　蛰　水　春

妈妈笑着对爸爸说，你们父子别光顾自己吃了，这个时候是清明节，也要给祖先准备点儿吃的东西了。

小君问妈妈，清明究竟是一个节日还是一个节气呢？

妈妈说，清明既是节气又是节日。你爸爸说清明的习俗，踏青、尝鲜，都是说明一年生机勃勃的时候开始了，但就在这个时候，清明节日又让我们慎终追远，去扫墓、祭祀祖先，跟逝去的先人对话。这就是"出生入死"。

爸爸接着妈妈的话说，妈妈说得对，过清明节不仅是要追念先人、感恩先人，更是在"出生入死"，回答生与死的问题。人终归是要死的，所以重要的是活得有意义。有一幅对联说得好。**睡至三更时，凡功名皆成幻境；想到百年后，无少长俱是古人。**我们现在是父子，多年后我们可能就成了兄弟、朋友，一百年后，我们都成了古人。

小君听爸爸妈妈说后，就去看妈妈准备了什么东西，他发现有花、有瓜果、有酒。他不理解地问妈妈，给先人扫墓还要准备这些东西，祖先们能吃得着、闻得着吗？

妈妈笑着说，民国时期，有一个外国人在清华大学教书，这个外国教授看到一个校工在清明节时带着酒菜去给先人上坟，就嘲笑他说，你准备这么好的酒菜，你的祖先真的吃下去了吗？校工不卑不亢地说，那你们喜欢给先人送花，他们真的闻到了吗？现在好了，我们上坟，是中西结合了。

小君说，这个故事真有意思，原来中国人和西方人其实差不多的。

爸爸说，祭如在。你要祭祖扫墓时就要当他们还在一样，我们喜欢花、美食、美酒，祖先们也会喜欢的。宋代的王禹偁在清明节时就遗憾地发现，自己既无花，也无酒，感觉自己就像山野间的穷和尚一样，他只能从邻居家借来火种，在天刚亮时就在窗前点燃灯火，认真读书以向先人交一份答卷。

二十四

清明之

物候

小君在笔记本上写下"慎终追远"，记下对联，还把艾米、依依、小广、小墩儿的名字写在一起，写上"一百年后的古人"。

小君写下"青黄不接"的时候，想到一个问题，他问爸爸，清明节气的物候是什么呢，是青菜、香椿吗？

爸爸笑了，你关心的事跟古人关心的事不太一样。在古人心中，清明节气的第一个物候是**桐始华**，就是桐树开始开花了。为什么把桐树作为物候呢？因为桐树既是观赏类树木，又是经济价值较高的树木，在古人眼里，桐树是吉祥的象征，**栽下梧桐树，引来金凤凰。**

清明节气的另外两个物候是，**田鼠化为鴽（rú），虹始见。** 田鼠因烈阳之气渐盛而躲回洞穴，喜爱阳气的鴽（即鹌鹑类的小鸟）开始出来活动，人们这个时候没看到田鼠而看到鹌鹑，就以为田鼠化为了鹌鹑。至于彩虹出现，则是因为天气冷暖气流交汇。这两个物候之所以重要，是因为从它们的出现可以判断天气冷暖变化是否正常，跟桐树开花一样，表明天气开始暖和了。

小君说，我明白了，这三个物候如果没有出现，就说明寒流还很严重，对生产生活会有影响。所以，古人关心的是大事，我关心的只是口腹之欲的小事。

谷雨

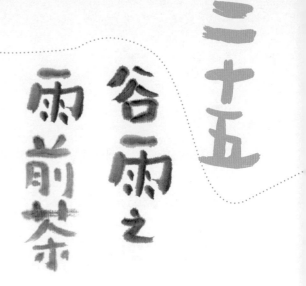

二十五　谷雨之雨前茶

　　半个月过去了，又一个节气来临之际，余叔叔给小君爸爸送来了一包茶叶，说是上好的明前茶。爸爸赶紧泡上，美滋滋地喝上一口，也要小君来品尝。

　　小君问余叔叔，什么是明前茶？

　　余叔叔说，就是清明前采摘的茶叶啊。你爸爸肯定给你讲过清明节气时尝鲜的好处。其实，不仅明前茶好喝，谷雨前采摘的茶，也很好喝，明前茶、雨前茶，都是摘取最娇嫩的叶片，所以喝起来不涩，反而鲜嫩可口。

小君说，余叔叔，我爸爸说人的味蕾都会跳舞的。

余叔叔说，哈哈，你看，大自然既养眼又满足了我们的其他感官，所以人也有了生机，你爸爸就成了会写诗的诗人了。

爸爸笑着接过余叔叔的话说，清明、谷雨，这两个节气期间的物产最为新鲜，是我们一年中最有口福、味觉最为发达的时候。

　　小君问余叔叔，为什么 4 月中旬的这个节气称为

谷雨呢？

　　余叔叔说，因为这个时候，天气温和，雨水明显

增多。我们中国人认为"雨生百谷"，就是指各种谷类

作物被雨滋润而旺盛生长。所以这一节气取名为谷雨。

　　这个"谷"字呢，背后还有一层意思。谷雨节气

最重要的物候之一，就是布谷鸟开始唱歌，它的叫声

是"布谷布谷"，人们听来又像是"阿公阿婆，割麦插

禾", 或者"阿公阿婆，栽秧插禾"。

　　爸爸接过余叔叔的话说，说到谷雨，古人还有一个传说：**昔者仓颉作书，而天雨粟，鬼夜哭。**对这

个传说的解释也有意思：人们说仓颉造出文字，这么大的功劳，但他不要上天的奖励，只求老天让民众五谷丰登，结果天上给人间下了一场谷子雨。谷雨这么叫开了，用在节气上也寄托了人们希望五谷丰登的美好寓意。

小君问，难道谷雨期间一定会下雨吗？

余叔叔说，当然会有春旱的情况。清代的王士祯有一首诗，说他有一年谷雨时遇到农村的老农向他诉苦，当地从立春到谷雨两个多月都没有下雨，土地干旱严重，庄稼都长不起来。王士祯观察农田，发现土地干裂得没法耕种，农民已经在吃野菜度荒了。

二十七 谷雨之物候

　　小君问余叔叔，布谷鸟是谷雨节气的物候，我怎么没看到啊。谷雨节气的三个物候是：**一候萍始生，二候鸣鸠拂其羽，三候戴胜降于桑。**

　　余叔叔哈哈大笑，鸠指的就是布谷鸟啊。虽然有人以为鸣鸠指的是斑鸠，但从重要性上来说，它就是指布谷鸟。

　　小君问余叔叔，为什么古人找这三种东西当谷雨期间的物候呢？

　　余叔叔解释说，浮萍这种东西特别娇嫩，它不能经霜，水塘里一旦有了浮萍，就意味着倒春寒一类的降温不会再发生了。另外两种物候也有意思。布谷鸟不出现，或出现了不梳羽毛，就说明时令不利于生物生育生长。而戴胜鸟降于桑树，则提醒人们蚕宝宝将要出生了。如果戴胜鸟不落桑树上，说明这一年的蚕

桑业也会有问题。所以这两个物候合在一起，表达了一个成语，叫男耕女织。

小君说，我明白了，布谷鸟是催男人们耕种，戴胜鸟是催女人们纺织。如果布谷鸟不出现梳理羽毛，农民伯伯种庄稼就会出现问题，到了秋天冬天，就会有人挨饿，没有饭吃；如果戴胜鸟不落桑树上，到了秋天就会有人挨冻，没有衣物穿。

二十八

谷雨之

丰富异同

小君的回答让余叔叔和爸爸都开心地笑了。

余叔叔说，其实，谷雨节气对农业生产很重要，对我们普通人也有意义。谷雨是春季的最后一个节气，虽然"林花谢了春红"，春天花快谢了，但大自然的草木更繁茂了，夏天的热烈壮盛即将来临。春夏之交，是世界最为繁华的时候。

爸爸说，是啊，这个节气的大自然如诗如画。大书法家王献之曾说：**从山阴道上行，山川自相映发，**

山川自相映发，使人应接不暇。

东晋·王献之

114

从山阴道
上行。

使人应接不暇。 意思是大自然的美景让人看花了眼，看不过来了。

余叔叔感叹，小君啊，正是因为丰富，我们才能更深地理解事物的异同。我们欣赏自然时知道，每一种花、每一种树都有自己的美，每一种美也要容忍和欣赏另一种美，正是这些不同的美构成了整个大自然的美。费孝通说过一句名言：**各美其美，美人之美，美美与共，天下大同。**

小君说，我的朋友中，艾米有艾米的好看，依依有依依的好看，小墩儿有小墩儿的优点，小广有小广的长处，每个朋友都有自己的优点，都有各自的美好。